Start von GOES-U

Alles, was Sie über den vierten und letzten Satelliten der (GOES)-R-Serie wissen müssen

Charles D. Battle

Absichtlich frei gelassen

Start von GOES-U

Alles, was Sie über den vierten und letzten Satelliten der (GOES)-R-Serie wissen müssen.

Von

Charles D. Battle

Copyright © 2024 von Charles D. Battle

Alle Rechte vorbehalten. Kein Teil dieser Veröffentlichung darf ohne vorherige schriftliche Genehmigung des Herausgebers in irgendeiner Form oder mit irgendwelchen Mitteln, einschließlich Fotokopieren, Aufzeichnen oder anderen elektronischen oder mechanischen Methoden, reproduziert, verbreitet oder übertragen werden, außer im Falle kurzer Zitate in kritischen Rezensionen und bestimmter anderer nichtkommerzieller Verwendungen, die durch das Urheberrecht gestattet sind.

Dieses Buch ist ein Sachbuch. Die in diesem Buch geäußerten Informationen und Meinungen sind ausschließlich die des Autors und spiegeln nicht notwendigerweise die Ansichten oder Meinungen der darin erwähnten Personen oder Organisationen wider.

Dankbarkeit

Liebe Leser, ich möchte Ihnen ganz besonders für Ihre Bemühungen und Ihr Interesse an Ihrer Weiterbildung danken. Ich möchte Ihnen dafür danken, dass Sie mein Buch unter anderen Büchern ausgewählt haben.

Wir haben uns so viel Mühe gegeben, damit dieses Buch Ihr Interesse an GOES-U (dem vierten und letzten Satelliten der GOES-R-Reihe) befriedigt. Kommen Sie noch heute zu uns, um alles über die GOES-U-Mission zu erfahren.

Absichtlich frei gelassen

Inhaltsverzeichnis

Einführung... 8
Kapitel 1: Der Start von GOES-U......................12
    Vorbereitungen vor dem Start........................ 12
    Vorbereitungen vor dem Start........................ 14
    Analyse nach dem Start................................15
Kapitel 2: Überblick über die GOES-U-Mission... 18
    Die GOES-R-Serie: Ein Erbe der Innovation in der Wetterbeobachtung................................18
    GOES-U Vorschau... 21
    Die Umbenennung in GOES-19.......................23
    Die Rolle von GOES-19 im Betrieb von GOES Ost und West.. 25
Kapitel 3: Überwachung von Wetter und Umweltphänomenen auf der Erde..................... 28
    Der Advanced Baseline Imager (ABI)............. 28
    Der Geostationary Lightning Mapper (GLM)...33
    Die Bedeutung der internationalen Zusammenarbeit bei der Wetterüberwachung...36
Kapitel 4: Überwachung der Sonne und des Weltraumwetters...40
    Einführung in die Weltraumwetterüberwachung..40
    Die Sensoren für extreme Ultraviolett- und

Röntgenstrahlung (EXIS) und der
Solar-Ultraviolett-Imager (SUVI)...................... 42

Der Compact Coronagraph-1 (CCOR-1): Eine
neue Ergänzung... 44

Die Magnetometer- und
Weltraumumgebungs-In-Situ-Suite (SEISS).....47

Auswirkungen von Weltraumwettervorhersagen..
49

Kapitel 5: Vorteile der GOES-U-Mission............ 54

Kapitel 6: Das Erbe von GOES-U....................... 66

Aufbauend auf einem starken Fundament
vergangener Missionen....................................... 66

Ein Sprungbrett für zukünftige Fortschritte in der
Wetter- und Umweltbeobachtung......................68

Rückschluss... 72

Einführung

Kurzer Überblick über das Buch.
Willkommen, unerschrockener Leser, im faszinierenden Reich der Weltraumforschung! Dieses Buch mit dem Titel „GOES-U-Start: Alles, was Sie über den vierten und letzten Satelliten der (GOES) – R-Serie wissen müssen" dient Ihnen als Eintrittskarte für ein himmlisches Abenteuer. Dieser umfassende Leitfaden enthüllt die Feinheiten der GOES-U-Mission, der Krönung der geostationären operativen Umweltsatelliten (GOES) – R-Serie. Wir werden uns auf eine sorgfältige Erkundung begeben und die Ziele der Mission, die innovative Technologie, die sie zum Leben erweckt, und die transformativen Auswirkungen, die sie auf die Art und Weise haben wird, wie wir Wettermuster und Umweltphänomene beobachten und verstehen, analysieren. Von seiner Entstehung, die vom Einfallsreichtum des menschlichen Geistes angetrieben wurde, bis zu seinen erwarteten Beiträgen zur riesigen Landschaft der Wissenschaft und Technologie lässt dieses Buch

nichts unversucht. Egal, ob Sie ein erfahrener Weltraumfan oder ein neugieriger Neuling sind, der die Geheimnisse des Kosmos lüften möchte, dieses Buch soll Ihr zuverlässiger Begleiter sein.

Bedeutung von Weltraummissionen.
Weltraummissionen gehen über die bloße Erforschung des Himmels hinaus; sie stellen ein zentrales Unterfangen für die Menschheit dar. Sie dienen uns als Augen und Ohren im riesigen kosmischen Ozean und helfen uns, das uns umgebende Universum zu verstehen. Durch diese kühnen Unternehmungen suchen wir nach Antworten auf grundlegende Fragen, die die Menschheit seit Jahrtausenden faszinieren: Woher kommen wir? Was ist der Ursprung des Universums? Sind wir wirklich allein in dieser riesigen Weite?

Das Streben nach Wissen ist nicht der einzige Nutzen, den man aus der Weltraumforschung zieht. Diese Missionen haben nachweislich praktische Anwendungen und fördern technologische Fortschritte, die sich auf unser tägliches Leben auswirken. Von der Schaffung lebensrettender medizinischer Geräte bis hin zur Entwicklung revolutionärer Kommunikationssysteme wirkt die Weltraumforschung als Katalysator für Innovationen und treibt unsere technologischen Fähigkeiten voran.

Darüber hinaus dienen Weltraummissionen als wirtschaftliches Kraftwerk, schaffen lukrative Arbeitsplätze in Spitzenbereichen und stimulieren das Wachstum in verschiedenen Sektoren. Sie inspirieren eine neue Generation von Wissenschaftlern, Ingenieuren und Träumern und ebnen den Weg für eine bessere Zukunft voller bahnbrechender Entdeckungen.

Die Auswirkungen von Weltraummissionen gehen jedoch weit über technologische Wunder und wirtschaftliche Gewinne hinaus. Missionen wie GOES-U spielen eine entscheidende Rolle beim Schutz unseres Planeten. Durch die sorgfältige Überwachung der Wettermuster, Ozeane und der Umwelt der Erde wird GOES-U uns wertvolle Daten liefern, mit denen wir Umweltphänomene mit beispielloser Präzision erkennen und überwachen können. Diese Informationen sind der Grundstein für genaue Wettervorhersagen und ermöglichen es uns, potenziell verheerende Stürme zu verfolgen und uns auf ihre Auswirkungen vorzubereiten. Darüber hinaus bieten sie entscheidende Einblicke in das sich ständig weiterentwickelnde Phänomen des Klimawandels und ermöglichen es uns, fundierte Entscheidungen für eine nachhaltige Zukunft zu treffen.

Im Wesentlichen geht es bei Weltraummissionen nicht nur darum, sich ins Unbekannte zu wagen; es geht darum, unseren Heimatplaneten Erde zu schützen und ein tieferes Verständnis der komplexen Systeme zu fördern, die das Leben, wie wir es kennen, erhalten.

Kapitel 1: Der Start von GOES-U

Vorbereitungen vor dem Start

Die Odyssee des GOES-U-Satelliten beginnt nicht inmitten der himmlischen Weiten, sondern innerhalb der Grenzen der Anlage von Lockheed Martin Space in Littleton, Colorado. Hier erwecken umsichtige Köpfe und ruhige Hände das Wunder der Technik zum Leben. Über einen Zeitraum von Jahren konstruiert das GOES-U-Team sorgfältig die Instrumente und Raumfahrzeuge und integriert sorgfältig jede komplizierte Komponente. Aber bei diesem komplizierten Tanz geht es nicht nur um die Montage; Es ist ein strenger Walzer mit Qualitätssicherung. Der Satellit durchläuft eine Reihe von Tests, bei denen die unnachgiebige Umgebung des Starts simuliert und seine Funktionalität sichergestellt wird, sobald er seine vorgesehene geostationäre Umlaufbahn erreicht, die atemberaubende 22.236 Meilen über der Erdoberfläche liegt. Sobald die Bau- und Testphase abgeschlossen ist, beginnt für GOES-U die nächste Etappe der Reise. Allerdings ist der Transport eines technischen Wunderwerks von der Größe eines kleinen Schulbusses und einem Gewicht von über 6.000 Pfund keine leichte Aufgabe. Stellen Sie sich das logistische Ballett vor! GOES-U wird sorgfältig gesichert und sorgfältig von der vertrauten Landschaft Colorados zum sonnenverwöhnten Kennedy Space Center in Florida transportiert. Nach der Ankunft in Florida wird GOES-U zu Astrotech Space Operations im nahegelegenen Titusville transportiert. Hier beginnt ein neues Kapitel, das sich auf die sorgfältige Überprüfung konzentriert. Der Satellit wird einer umfassenden Reihe elektrischer Tests unterzogen, um sicherzustellen, dass seine internen Systeme einwandfrei funktionieren. Auch die mechanischen Konfigurationen werden sorgfältig überprüft und angepasst, um GOES-U auf den bedeutsamen Start vorzubereiten. Eine der wichtigsten Vorbereitungen vor dem Start ist die Betankung des Satelliten. Um GOES-U in die vorgesehene Umlaufbahn zu bringen und seinen Betrieb über bemerkenswerte 15 Jahre aufrechtzuerhalten, ist eine beträchtliche Menge Treibstoff erforderlich – eine erstaunliche Gesamtmenge von über 5.000 Pfund Treibstoff und Oxidationsmittel! Dieser vorsichtige Betankungsprozess stellt sicher, dass GOES-U über die notwendigen Ressourcen verfügt, um seine Mission über ein Jahrzehnt lang zu erfüllen.

Vorbereitungen vor dem Start

Der Start der GOES-U-Mission ist für Anfang Juni geplant. Die für diesen bedeutsamen Anlass ausgewählte Trägerrakete ist nicht weniger beeindruckend – die mächtige Falcon Heavy-Rakete, ein Leviathan der Lüfte, der von SpaceX gebaut wurde. Dies ist eine historische Premiere für das GOES-Programm und läutet eine neue Ära der Zusammenarbeit und des technologischen Fortschritts ein. Die geschätzten Kosten für die NASA, SpaceX mit dieser kritischen Mission zu betrauen, betragen ungefähr 152,5 Millionen US-Dollar.

Der Start selbst wird ein Spektakel wie kein anderes. Die enorme Kraft der Falcon Heavy-Rakete wird GOES-U in den Himmel treiben und eine Spur aus Feuer und Rauch hinterlassen, wenn sie sich aus der Erdatmosphäre löst. Der Boden wird durch die schiere Kraft des Starts erzittern, ein Beweis für die enorme Kraft, die erforderlich ist, um die Schwerkraft der Erde zu überwinden. Während die Rakete aufsteigt, werden die Zuschauer Zeuge einer atemberaubenden Demonstration menschlicher Erfindungsgabe und technologischer Leistungsfähigkeit.

Analyse nach dem Start

Nach dem erfolgreichen Start von GOES-U folgt eine Phase sorgfältiger Tests. In dieser kritischen Phase wird die Funktionalität des Satelliten selbst und der Bodensysteme, die mit GOES-U kommunizieren und Daten von ihm empfangen, überprüft. Der Erfolg der Mission hängt von diesem strengen Testverfahren ab.

Einer der wichtigsten Aspekte der Analyse nach dem Start besteht darin, die ordnungsgemäße Entfaltung der ausgedehnten fünfteiligen Solaranlage des Satelliten sicherzustellen. Diese riesige Struktur wird während des Starts zur optimalen Raumausnutzung kompakt zusammengefaltet und entfaltet sich beim Erreichen der geostationären Umlaufbahn. Die erfolgreiche Entfaltung dieser Solaranlage ist von größter Bedeutung, da die darin eingebetteten Photovoltaikzellen die Sonnenenergie in Elektrizität umwandeln und den gesamten Satelliten mit Strom versorgen – seine Instrumente, Computer,

Datenprozessoren, Sensoren und Telekommunikationsgeräte. Ohne diese lebenswichtige Energiequelle wäre GOES-U funktionsunfähig.

Die Analyse nach dem Start umfasst auch eine umfassende Bewertung der Instrumente des Satelliten. Diese Instrumente, das Herz und die Seele der GOES-U-Mission, sind darauf ausgelegt, eine große Bandbreite wichtiger Daten zu sammeln – atmosphärische Bedingungen, hydrologische Muster, ozeanische Eigenschaften, Klimatrends, Sonnenaktivität und Weltraumwetterphänomene. Strenge Tests stellen sicher, dass diese Instrumente optimal funktionieren und bereit sind, die Daten zu liefern, die unser Verständnis der Erde und ihrer Umgebung revolutionieren werden.

Der Erfolg jeder Phase ist entscheidend für die Gesamtmission und ebnet den Weg dafür, dass GOES-U seine entscheidende Rolle beim Schutz unseres Planeten und der Erweiterung unseres Verständnisses des Universums erfüllen kann.

Absichtlich frei gelassen

Kapitel 2: Überblick über die GOES-U-Mission

Die GOES-R-Serie: Ein Erbe der Innovation in der Wetterbeobachtung.

Die GOES-R-Serie stellt einen gewaltigen Sprung nach vorne im Arsenal der geostationären Umweltsatelliten (GOES) der NOAA dar. Diese hochmoderne Konstellation ist das fortschrittlichste geostationäre Wetterbeobachtungssystem, das jemals für das Land eingesetzt wurde. Die GOES-R-Serie steht für ein Engagement für kontinuierliche Verbesserung und stellt sicher, dass die Vereinigten Staaten bei der Wetterüberwachung und der Erfassung von Umweltdaten weiterhin an vorderster Front bleiben.

Die Serie selbst besteht aus vier sorgfältig gefertigten Satelliten: GOES-R, GOES-S, GOES-T und dem bald startenden GOES-U. Diese Wunderwerke der Technik verfügen über eine einzigartige Umlaufbahneigenschaft – sie durchqueren die Äquatorebene der Erde mit einer

Geschwindigkeit, die genau der Rotation des Planeten entspricht. Diese bemerkenswerte Leistung ermöglicht es ihnen, eine feste Position relativ zur Erde beizubehalten, ein Konzept, das als geostationäre Umlaufbahn bekannt ist. Indem diese Satelliten stationär am Himmel bleiben, können sie eine kontinuierliche, ununterbrochene Beobachtung einer bestimmten Region ermöglichen und so wertvolle Einblicke in Wettermuster, Umweltveränderungen und Weltraumwetterphänomene bieten.

Bei der GOES-R-Serie geht es nicht nur darum, einen festen Blick zu behalten; sie revolutioniert die Art und Weise, wie wir unseren Planeten beobachten und verstehen. Diese Satelliten verfügen über eine beeindruckende Palette an Fähigkeiten. Sie erfassen fortschrittliche Bilder und messen die atmosphärischen Bedingungen in weiten Teilen der Erde sorgfältig. Darüber hinaus sammeln sie komplizierte atmosphärische Messungen und ermöglichen so ein tieferes Verständnis der komplexen Systeme, die die Wettermuster bestimmen. Doch die Fortschritte gehen über die atmosphärische Beobachtung hinaus. Die GOES-R-Serie umfasst eine Echtzeitkartierung der gesamten Blitzaktivität und bietet wichtige

Einblicke in die Entwicklung und Bewegung potenziell zerstörerischer Stürme. Diese Fähigkeit ermöglicht es Meteorologen, rechtzeitig Warnungen herauszugeben und Gemeinden vor der Naturgewalt zu schützen.

Einer der vielleicht bedeutendsten Beiträge der GOES-R-Serie liegt in ihrer verbesserten Überwachung der Sonnenaktivität und des Weltraumwetters. Unsere Sonne, ein himmlisches Kraftwerk, ist kein konstantes Gebilde. Sie durchläuft Perioden intensiver Aktivität und setzt Ausbrüche geladener Teilchen und Strahlung frei, die Satelliten, Kommunikationssysteme und Stromnetze stören können. Die GOES-R-Serie fungiert als unser wachsames Auge am Himmel, überwacht diese Sonnenausbrüche sorgfältig und liefert wichtige Frühwarnungen, sodass wir ihre potenziellen Auswirkungen abmildern können.
Darüber hinaus ist die GOES-R-Serie ein Beweis für menschlichen Einfallsreichtum und ein Eckpfeiler der modernen Wetterbeobachtung. Sie hat unsere Fähigkeit, Wetterereignisse vorherzusagen und uns darauf vorzubereiten, verändert, ein tieferes Verständnis des Weltraumwetters gefördert und unsere Infrastruktur vor der launischen Natur der

Sonne geschützt. Der Start von GOES-U stellt den Höhepunkt jahrelanger sorgfältiger Planung und technologischer Fortschritte dar und festigt das Erbe der GOES-R-Serie als wichtiges Instrument für die Umweltüberwachung und Wettervorhersage weiter.

GOES-U Vorschau

GOES-U ist die Krönung der GOES-R-Serie, der vierte und letzte Satellit, der sorgfältig entwickelt wurde, um unser Verständnis der Erde und ihrer Umgebung zu revolutionieren. Seine Integration in die Konstellation markiert eine neue Ära der Umweltüberwachungsfähigkeiten und festigt die Position der GOES-R-Serie als das fortschrittlichste Wetterbeobachtungs- und Umweltüberwachungssystem der westlichen Hemisphäre weiter.

Ähnlich wie seine Vorgänger verfügt GOES-U über eine Reihe fortschrittlicher Instrumente, die ein umfassendes Bild der sich ständig ändernden Dynamik der Erde erfassen sollen. Diese Instrumente sammeln wertvolle Daten über atmosphärische Bedingungen und vermitteln Meteorologen ein tieferes Verständnis der Kräfte, die Wettermuster prägen. Die fortschrittlichen

Bildgebungsfunktionen von GOES-U ermöglichen die Erstellung detaillierter Echtzeitvisualisierungen von Wettersystemen und ermöglichen es Meteorologen, genauere und zeitgerechtere Wetterwarnungen herauszugeben. Doch die Beiträge von GOES-U gehen über die traditionelle Wetterbeobachtung hinaus. Der Satellit verfügt über modernste Technologie, die speziell für die Überwachung der Blitzaktivität in Echtzeit entwickelt wurde. Diese Fähigkeit bietet entscheidende Einblicke in die Entwicklung und Bewegung potenziell zerstörerischer Stürme und ermöglicht eine verbesserte Vorbereitung und Schadensbegrenzung. Darüber hinaus spielt GOES-U eine entscheidende Rolle beim Schutz unserer Technologie vor der unvorhersehbaren Natur des Weltraumwetters. Durch sorgfältige Überwachung der Sonnenaktivität und der Emission geladener Teilchen liefert GOES-U frühzeitige Warnungen vor möglichen Störungen von Satelliten, Kommunikationssystemen und Stromnetzen. Diese fortschrittliche Weltraumwetterüberwachungsfunktion ist ein Eckpfeiler für den Schutz kritischer Infrastrukturen und den reibungslosen Betrieb von Kommunikationsnetzen.

GOES-U stellt den Höhepunkt modernster Technologie und sorgfältiger Planung dar. Seine Integration in die GOES-R-Serie bedeutet einen bedeutenden Fortschritt in unserer Fähigkeit, die komplexen Umweltsysteme der Erde zu beobachten und zu verstehen. Die von GOES-U gesammelten Daten werden es Meteorologen ermöglichen, genauere Vorhersagen zu erstellen, Gemeinden vor extremen Wetterereignissen zu schützen und unsere Infrastruktur vor den möglichen Störungen des Weltraumwetters zu bewahren.

Die Umbenennung in GOES-19

Der Spitzname GOES-U dient dem Satelliten während seiner Bodentests und Startphasen als mutiger Begleiter. Beim Erreichen seiner vorgesehenen geostationären Umlaufbahn erfährt GOES-U jedoch eine symbolische Transformation – er wird in GOES-19 umbenannt. Diese scheinbar einfache Umbenennung hat innerhalb des GOES-Programms eine tiefere Bedeutung.

Das GOES-Programm folgt einer sequenziellen Namenskonvention. Jeder betriebsbereite GOES-Satellit erhält eine numerische Bezeichnung, die seine Startreihenfolge innerhalb der Serie widerspiegelt. GOES-16, der derzeit die Position GOES-Ost einnimmt, ist ein Beispiel für diese Konvention. GOES-U, der GOES-16 ersetzen soll, erbt die nachfolgende Nummer in der Sequenz und wird so zu GOES-19.

Diese Transformation von GOES-U zu GOES-19 bedeutet nicht nur eine Namensänderung, sondern auch einen Übergang zum Betriebsstatus. GOES-19 wird sich in die Reihen seiner Vorgänger einreihen und aktiv kritische Umweltdaten sammeln und übertragen. Diese Daten werden an Wettervorhersageagenturen auf der ganzen Welt weitergegeben, damit Meteorologen fundierte Vorhersagen treffen und rechtzeitig Warnungen herausgeben können.

Der Weg von GOES-U zu GOES-19 stellt den Höhepunkt jahrelanger sorgfältiger Planung, Entwicklung und Tests dar. Er stellt die Transformation eines technologischen Wunderwerks von einem geerdeten Prototyp zu einer wichtigen Komponente der GOES-Konstellation dar, die unseren Planeten aktiv schützt und unser Verständnis der komplexen Umweltsysteme der Erde erweitert.

Die Rolle von GOES-19 im Betrieb von GOES Ost und West

Nach einem strengen On-Orbit-Checkout-Prozess, bei dem die Funktionalität seiner Instrumente und Systeme sorgfältig überprüft wird, wird GOES-19 in die operative GOES-Konstellation der NOAA integriert. Dies ist ein entscheidender Moment, da GOES-19 im Begriff ist, eine entscheidende Rolle im operativen Rahmen von GOES East und West zu übernehmen.

NOAA positioniert strategisch zwei operative GOES-Satelliten in geostationärer Umlaufbahn, die jeweils für eine bestimmte Region bestimmt sind: GOES-East und GOES-West. GOES-16 nimmt derzeit die Position GOES-East ein und ermöglicht eine kontinuierliche Beobachtung von Wettermustern und Umweltbedingungen in der östlichen Hemisphäre und im westlichen Atlantik. Nach der Übernahme des Betriebsstatus soll GOES-19 GOES-16 ersetzen und zum wachsamen Auge am Himmel für den GOES-East-Sektor werden.

GOES-18, der zukünftige Partner von GOES-19, ist derzeit der unangefochtene Herrscher im GOES-West-Bereich. Dieses dynamische Duo,

GOES-19 (GOES-Ost) und GOES-18 (GOES-West), wird in harmonischer Synergie zusammenarbeiten und eine umfassende Abdeckung eines riesigen Gebiets bieten – das sich von der Westküste Afrikas bis in die entlegensten Winkel Neuseelands erstreckt.

Die Zusammenarbeit von GOES-19 und GOES-18 bietet eine Vielzahl von Vorteilen. Die kombinierten Daten, die diese beiden Satelliten sammeln, zeichnen ein vollständigeres Bild der globalen Wettermuster und fördern ein tieferes Verständnis der atmosphärischen Dynamik und der Klimatrends. Dieser umfassende Datensatz ermöglicht es Meteorologen, genauere und zeitgerechtere Wettervorhersagen zu erstellen, wodurch möglicherweise Leben gerettet und die Auswirkungen schwerer Wetterereignisse gemildert werden können.

Darüber hinaus stärken die kombinierten Überwachungsfunktionen von GOES-19 und GOES-18 unsere Vorbereitung auf Weltraumwetterereignisse. Durch die sorgfältige Beobachtung der Sonnenaktivität von zwei Aussichtspunkten aus bieten diese Satelliten eine umfassendere Sicht auf mögliche Sonneneruptionen und koronale Massenauswürfe. Diese verbesserte Überwachungsfunktion ermöglicht die Ausgabe präziserer und zeitgerechterer Warnungen und schützt kritische Infrastrukturen vor den störenden Auswirkungen des Weltraumwetters.

Zusammenfassend lässt sich sagen, dass die GOES-U-Mission, die mit dem Betriebsstatus von GOES-19 ihren Höhepunkt erreicht, einen bedeutenden Fortschritt in unserer Fähigkeit darstellt, die Wettermuster, Umweltbedingungen und Weltraumwetterphänomene der Erde zu überwachen. Die Integration von GOES-19 in den operativen Rahmen von GOES Ost und West in Zusammenarbeit mit GOES-18 stärkt unsere Beobachtungsfähigkeiten und fördert ein tieferes Verständnis der komplexen Systeme, die unseren Planeten regieren. Diese gemeinsame Anstrengung befähigt uns, fundierte Entscheidungen zu treffen, unsere Gemeinschaften zu schützen und die sich ständig ändernde Dynamik unserer Umwelt zu steuern.

Kapitel 3: Überwachung von Wetter und Umweltphänomenen auf der Erde

Der Advanced Baseline Imager (ABI)

Ein Überblick:

Der Advanced Baseline Imager (ABI) ist das Kronjuwel der GOES-R-Serie und dient als Hauptinstrument zur sorgfältigen Aufnahme von Bildern der Wettermuster, Ozeane und Umwelt der Erde. Der ABI funktioniert ähnlich wie ein menschliches Auge und bietet eine beispiellose Sicht auf unseren Planeten, wobei er seine sich ständig ändernde Dynamik sorgfältig analysiert.

Eines der bestimmenden Merkmale des ABI ist sein außergewöhnlicher Spektralbereich. Anders als seine Vorgänger beobachtet der ABI die Erde durch 16 verschiedene Spektralbänder. Stellen Sie sich diese Bänder als verschiedenfarbige Filter vor, die jeweils einen einzigartigen Aspekt unseres Planeten enthüllen. Zwei dieser Bänder liegen im sichtbaren Spektrum, sodass der ABI Bilder aufnehmen kann, die dem, was das menschliche Auge wahrnimmt, sehr ähnlich sind. Die wahre Stärke liegt jedoch in den verbleibenden vierzehn Bändern, die über den Bereich des menschlichen Sehvermögens hinaus in den Bereich des Infrarots und des Nahinfrarots vordringen. Diese komplexen Spektralbänder dienen Wissenschaftlern und Meteorologen als leistungsstarke Werkzeuge, mit denen sie verschiedene Elemente auf der Erdoberfläche und in der Atmosphäre identifizieren und unterscheiden können. Durch die Analyse bestimmter Bänder können Wissenschaftler beispielsweise zwischen dem üppigen Grün der Wälder, den unendlichen Weiten der Ozeane, den dünnen Wolkenstreifen, der unsichtbaren Präsenz von Feuchtigkeit in der Atmosphäre oder den bedrohlichen Rauchschwaden eines Waldbrandes unterscheiden.

Die Fähigkeiten des ABI gehen weit über die bloße Beobachtung hinaus; es stellt einen bedeutenden Fortschritt in der Erfassung von Umweltdaten dar. Im Vergleich zu seinen Vorgängern kann das ABI mit einer erstaunlichen Zunahme der Menge der von ihm erfassten spektralen Informationen aufwarten –

bemerkenswerte drei Mal mehr als frühere Systeme. Dies führt zu einem umfassenderen Bild der komplexen Umweltstruktur der Erde.
Darüber hinaus bietet das ABI eine vierfach verbesserte räumliche Auflösung. Stellen Sie sich den Unterschied zwischen einem unscharfen Foto und einem hochauflösenden Bild vor; das ABI liefert Letzteres und ermöglicht so eine viel klarere und detailliertere Analyse von Wettermustern, Umweltphänomenen und potenziellen Gefahren.
Das letzte Puzzleteil liegt in der zeitlichen Abdeckung. Das ABI nimmt Bilder mit einer mehr als fünfmal höheren Geschwindigkeit auf als frühere Systeme. Dies bedeutet eine nahezu Echtzeitüberwachung, die es Meteorologen ermöglicht, sich rasch entwickelnde Wettersysteme zu verfolgen und potenzielle Bedrohungen mit beispielloser Genauigkeit vorherzusehen.
Das ABI stellt einen Paradigmenwechsel in unserer Fähigkeit dar, die Erde zu beobachten und zu verstehen. Sein außergewöhnlicher Spektralbereich, seine verbesserte räumliche Auflösung und seine schnelle zeitliche Abdeckung erschließen eine Fundgrube an Umweltdaten und ermöglichen es uns, fundierte Entscheidungen zu treffen.

Anwendungen von ABI-Daten .

Die vom ABI gesammelten Daten sind nicht auf einen einzigen Bereich beschränkt; sie haben weitreichende Auswirkungen auf ein breites Spektrum von Umweltanwendungen. Meteorologen nutzen diese unschätzbar wertvollen Daten, um die Bildung und Bewegung von Wolken, ein entscheidender Aspekt der Wettervorhersage, sorgfältig zu verfolgen und zu überwachen. Durch die Analyse der ABI-Daten können sie die atmosphärische Bewegung entschlüsseln, ein Schlüsselfaktor zum Verständnis und zur Vorhersage von Wettermustern. Darüber hinaus bietet das ABI Einblicke in das Phänomen der Konvektion, die vertikale Bewegung von Luft innerhalb der Atmosphäre, die eine bedeutende Rolle bei der Entstehung von Stürmen spielt.

Über die Wettervorhersage hinaus ermöglichen ABI-Daten Wissenschaftlern, die Oberflächentemperaturen von Land zu überwachen, ein entscheidender Faktor zum Verständnis des Klimawandels und seiner Auswirkungen auf Ökosysteme.

Darüber hinaus wirft das ABI Licht auf die dynamische Natur unserer Ozeane und liefert wichtige Informationen über

Wasserzirkulationsmuster und die Gesundheit der Ozeane. Die Daten können auch genutzt werden, um den Wasserfluss über Landschaften zu verfolgen und Einblicke in Hochwasserrisiken und Wasserressourcenmanagement zu geben.

Die Anwendungen von ABI-Daten gehen über Naturphänomene hinaus. Es dient als leistungsstarkes Instrument zur Überwachung von Waldbränden und der von ihnen erzeugten Rauchwolken und ermöglicht verbesserte Reaktionsbemühungen und Eindämmungsstrategien. Ebenso kann das ABI Vulkanaschewolken erkennen, wodurch Behörden rechtzeitig Warnungen ausgeben und Gemeinden vor den potenziellen Gefahren von Vulkanausbrüchen schützen können. ABI-Daten spielen auch eine wichtige Rolle bei der Überwachung der Luftqualität, indem sie das Vorhandensein von Aerosolen erkennen, winzigen Partikeln in der Atmosphäre, die erhebliche Auswirkungen auf die menschliche Gesundheit haben können. Schließlich bietet das ABI eine einzigartige Perspektive auf den Gesundheitszustand der Vegetation, sodass Wissenschaftler Veränderungen im Pflanzenleben überwachen und potenzielle Umweltbedrohungen identifizieren können. Zusammenfassend lässt sich sagen, dass ABI-Daten ein vielseitiges Instrument zur Umweltüberwachung sind und ein breites Anwendungsspektrum in den Bereichen Wettervorhersage, Ozeanografie, Landmanagement, Katastrophenschutz, Luftqualitätsüberwachung und Bewertung des Vegetationsgesundheitszustands umfassen.

Der Geostationary Lightning Mapper (GLM)

Ein Überblick:

Während der ABI eine detaillierte visuelle Darstellung des sich ständig verändernden Gefüges der Erde bietet, dringt der Geostationary Lightning Mapper (GLM) tiefer vor und enthüllt die unsichtbare elektrische Gewalt, die in der Atmosphäre lauert. Als spezielles Blitzerkennungsinstrument stellt der GLM einen revolutionären Fortschritt in unserer Fähigkeit dar, dieses mächtige Naturphänomen zu überwachen und zu verstehen.

Der GLM verfügt über ein einzigartiges Design – einen einkanaligen optischen Nahinfrarot-Transientendetektor, der sorgfältig auf dem Satelliten GOES-16 in geostationärer Umlaufbahn positioniert ist. Diese strategische Platzierung bietet einen deutlichen Vorteil. Anders als herkömmliche bodengestützte Blitzerkennungsnetze verfügt der GLM über eine kontinuierliche Sicht auf eine bestimmte Region, die die Vereinigten Staaten umfasst. Dies führt zu beispiellosen Blitzerkennungsfähigkeiten und bietet eine Beobachtungsrate, die alles bisher aus dem Weltraum Erreichbare bei weitem übertrifft.

Eine der bedeutendsten Stärken des GLM liegt in seiner Fähigkeit, alle Formen von Blitzen – Blitze von Wolke zu Wolke, von Wolke zu Boden und innerhalb von Wolken – mit außergewöhnlicher Effizienz zu erkennen. Darüber hinaus ist das GLM im Gegensatz zu bodengestützten Netzwerken, die nachts wirkungslos sind, rund um die Uhr in Betrieb und kann Blitze erkennen. Diese kontinuierliche Überwachung ist besonders wichtig, da Blitzaktivität oft ein Vorbote schwerer Wetterereignisse sein kann.

Das GLM erkennt Blitze nicht nur, sondern tut dies mit bemerkenswerter Präzision. Das Instrument verfügt über eine hohe räumliche Auflösung, die eine äußerst genaue Ortung von Blitzeinschlägen ermöglicht.

Rolle des GLM bei der Wettervorhersage .
Die vom GLM gesammelten Daten sind nicht bloß eine wissenschaftliche Kuriosität; sie haben einen immensen praktischen Wert, insbesondere im Bereich der Wettervorhersage. Vor der Einführung des GLM verließen sich Meteorologen hauptsächlich auf Radardaten, um schwere Stürme zu identifizieren und vorherzusagen. Radar bietet zwar wertvolle Erkenntnisse, hat aber auch Einschränkungen. Es kann nur das Vorhandensein von Niederschlag erkennen, nicht die elektrische Aktivität innerhalb eines Sturms, die oft der Bildung von Regen oder Hagel vorausgeht.

Das GLM schließt diese kritische Lücke in der Wetterbeobachtung. Durch die Erkennung von Blitzaktivität bietet das GLM einen Einblick in die inneren Abläufe eines Sturms und enthüllt das Vorhandensein starker atmosphärischer Konvektion – eine Schlüsselkomponente für die Entwicklung schwerer Wetterereignisse wie Tornados, Hagelstürme und zerstörerischer Winde. Diese Frühwarnfunktion ermöglicht es Meteorologen, zeitnahere und genauere Unwetterwarnungen herauszugeben und so möglicherweise Leben zu retten und Gemeinden vor Schaden zu bewahren. Studien haben beispielsweise gezeigt, dass ein schneller Anstieg der Blitzaktivität innerhalb eines Sturmsystems ein starker Indikator für einen bevorstehenden Tornado sein kann. Dank der Fähigkeit des GLM, Blitze nahezu in Echtzeit zu erkennen und zu überwachen, können Meteorologen derartige schnelle Zunahmen identifizieren und rechtzeitig Tornadowarnungen herausgeben. So gewinnen die Gemeinden wertvolle Zeit, um Schutz zu suchen.

Die Bedeutung der internationalen Zusammenarbeit bei der Wetterüberwachung.

Die Atmosphäre der Erde überschreitet politische Grenzen. Wettersysteme halten sich nicht an nationale Grenzen; sie durchqueren Kontinente und Ozeane und beeinflussen das Leben der Menschen auf der ganzen Welt. Daher ist internationale Zusammenarbeit bei der Wetterüberwachung nicht nur eine diplomatische Nettigkeit; sie ist eine Notwendigkeit für effektive Wettervorhersagen und Risikomanagement.

Meteorologen sind auf Beobachtungen auf der ganzen Welt und einen nahezu sofortigen Austausch von Wetterinformationen angewiesen. Stellen Sie sich einen Meteorologen in den Vereinigten Staaten vor, der versucht, ein Wettersystem vorherzusagen, das seinen Ursprung in Afrika hat; ohne Zugriff auf Echtzeitdaten zur Entwicklung und Bewegung des Sturms wären seine Vorhersagen eher fundierte Vermutungen. Internationale Zusammenarbeit schließt diese Lücke und fördert den nahtlosen Austausch von Wetterdaten zwischen den Nationen. Dadurch erhalten Meteorologen ein umfassenderes Bild der globalen Wettermuster, was zu genaueren Vorhersagen für alle führt.

Über die unmittelbaren Vorteile einer verbesserten Wettervorhersage hinaus ist internationale Zusammenarbeit von entscheidender Bedeutung für die Bewältigung der Auswirkungen des Klimawandels, eines globalen Phänomens mit weitreichenden Folgen. Durch den Austausch von Daten aus Umweltbeobachtungen können Länder ein tieferes Verständnis davon gewinnen, wie sich der Klimawandel in verschiedenen Regionen der Welt manifestiert. Dieses geteilte Wissen befähigt Länder, effektivere Strategien zur Milderung der Auswirkungen des Klimawandels und zur Anpassung an seine unvermeidlichen Folgen zu entwickeln. Durch den Austausch von Daten über den Anstieg des Meeresspiegels oder Änderungen der Niederschlagsmuster können Länder beispielsweise zusammenarbeiten, um Küstenschutzmaßnahmen umzusetzen und nachhaltige Wassermanagementpraktiken zu entwickeln.

Die internationale Zusammenarbeit bei der Wetterüberwachung geht über den Datenaustausch hinaus. Sie fördert einen Geist der wissenschaftlichen Zusammenarbeit und ermöglicht es Forschern aus verschiedenen Ländern, ihr Fachwissen auszutauschen und gemeinsam an der Entwicklung neuer Technologien und Methoden für die Wetterbeobachtung und Umweltüberwachung zu arbeiten. Dieser kollaborative Ansatz beschleunigt Fortschritte auf diesem Gebiet und führt letztendlich zu einem umfassenderen Verständnis der komplexen atmosphärischen und ökologischen Systeme unseres Planeten.

Darüber hinaus fördert die internationale Zusammenarbeit ein Gefühl globaler Verantwortung für die Wettervorsorge und die Reduzierung des Katastrophenrisikos. Durch den Austausch von Ressourcen und Fachwissen können sich Länder gegenseitig besser bei der Vorbereitung auf Naturkatastrophen und der Reaktion darauf unterstützen. Beispielsweise kann ein Land mit fortschrittlicher Satellitentechnologie Daten mit einem weniger entwickelten Land austauschen, das mit einem drohenden Sturm konfrontiert ist, sodass rechtzeitig Warnungen herausgegeben und gefährdete Bevölkerungsgruppen evakuiert werden können.

Kapitel 4: Überwachung der Sonne und des Weltraumwetters

Einführung in die Weltraumwetterüberwachung

Während wir uns oft auf die sich ständig ändernde Dynamik der Wettermuster der Erde konzentrieren, lauert jenseits unserer Atmosphäre eine mächtige Kraft – die Sonne. Dieses himmlische Kraftwerk ist keine konstante Größe; es durchläuft Perioden intensiver Aktivität und setzt dabei Ausbrüche geladener Teilchen und Strahlung frei, die unsere Lebensweise stören können. Dieser Bereich der Sonnenaktivität und ihre Auswirkungen auf die Umwelt der Erde werden als Weltraumwetter bezeichnet.

Die Überwachung des Weltraumwetters spielt eine entscheidende Rolle beim Schutz unseres Planeten und seiner Bewohner vor den unvorhersehbaren Ausbrüchen der Sonne. Diese Fachdisziplin zielt darauf ab, die komplexen Prozesse der Sonnenaktivität zu verstehen, die daraus resultierenden Störungen der Weltraumumgebung vorherzusagen und ihre potenziellen Auswirkungen auf die Infrastruktur der Erde und das menschliche Leben vorherzusagen. Die Auswirkungen des Weltraumwetters können von subtil bis katastrophal reichen. Auf der einen Seite des Spektrums können geladene Teilchen von der Sonne empfindliche Elektronik an Bord von Satelliten beschädigen und Kommunikationsnetze stören. Auf der anderen Seite können starke Sonnenstürme geomagnetische Störungen auf der Erde auslösen, die zu weit verbreiteten Stromnetzausfällen und Infrastrukturschäden führen.

Das Verständnis und die Vorhersage des Weltraumwetters ist mit der Entschlüsselung der Flüstertöne und Schreie eines fernen Riesen verbunden. Glücklicherweise sind wir der Wut der Sonne nicht hilflos ausgeliefert. Durch sorgfältige Überwachung der Sonnenaktivität und der daraus resultierenden Weltraumumgebung können wir potenzielle Bedrohungen vorhersehen und die notwendigen Vorkehrungen treffen, um ihre Auswirkungen zu mildern. Die GOES-R-Serie mit ihrer Reihe fortschrittlicher Instrumente steht als Wächter an vorderster Front der Weltraumwetterüberwachung.

Die Sensoren für extreme Ultraviolett- und Röntgenstrahlung (EXIS) und der Solar-Ultraviolett-Imager (SUVI)

Die GOES-R-Serie verfügt über ein leistungsstarkes Paar zur Überwachung der Sonnenaktivität – den Solar Ultraviolet Imager (SUVI) und die Extreme Ultraviolet and X-ray Irradiance Sensors (EXIS). Diese Instrumente fungieren als Augen der GOES-Satelliten und analysieren sorgfältig den sich ständig ändernden Zustand der Sonne.

SUVI arbeitet im ultravioletten Spektrum, das für das menschliche Auge unsichtbar ist. Dieser scheinbar obskure Bereich bietet jedoch unschätzbare Einblicke in das Verhalten der Sonne. Durch die Aufnahme von Bildern in verschiedenen ultravioletten Wellenlängen ermöglicht SUVI Wissenschaftlern, die Chromosphäre und den Übergangsbereich der Sonne zu beobachten – die turbulenten Schichten der Sonnenatmosphäre, in denen Sonneneruptionen ausbrechen. Diese Beobachtungen ermöglichen es ihnen, potenzielle Flare-Aktivitäten zu identifizieren und ihre Intensität vorherzusagen. Darüber hinaus überwacht SUVI

Sonnenmerkmale wie Koronalöcher – Bereiche der Sonnenkorona mit kühleren Temperaturen und geringerer Dichte. Koronalöcher spielen eine bedeutende Rolle im Sonnenwind, einem Strom geladener Teilchen, der ständig von der Sonne ausgeht. Durch die Überwachung dieser Merkmale hilft SUVI dabei, Schwankungen des Sonnenwinds zu verstehen und vorherzusagen, die die Magnetosphäre der Erde beeinflussen können.

EXIS ergänzt SUVI, indem es sich noch weiter in den Bereich des unsichtbaren Lichts vorwagt – das extreme Ultraviolett- und Röntgenspektrum. Diese hochenergetischen Wellenlängen werden von der Sonnenkorona während Perioden intensiver Aktivität, wie z. B. Sonneneruptionen, ausgestrahlt. EXIS misst sorgfältig die Intensität dieser Strahlung und liefert wichtige Daten zur Beurteilung potenzieller Gefahren. Diese Informationen sind von entscheidender Bedeutung, um Astronauten und Satelliten vor den schädlichen Auswirkungen der Sonnenstrahlung zu schützen. Darüber hinaus spielen EXIS-Daten eine entscheidende Rolle bei der Überwachung der Auswirkungen der Sonnenaktivität auf die Funkkommunikation. Während Perioden intensiver Sonneneruptionen kann die erhöhte Röntgenstrahlung Funksignale stören und möglicherweise Kommunikationsnetze behindern. Durch die frühzeitige Warnung vor solchen Ereignissen ermöglicht EXIS Kommunikationsanbietern, die notwendigen Schritte zu unternehmen, um diese Störungen einzudämmen. Abschließend sei gesagt, dass SUVI und EXIS als dynamisches Paar fungieren und einen umfassenden Überblick über die Sonnenaktivität bieten. Die von diesen Instrumenten gewonnenen Daten ermöglichen es uns, das Verhalten der Sonne zu verstehen, mögliche Bedrohungen durch das Weltraumwetter vorherzusagen und unsere Infrastruktur und Technologie vor ihren störenden Auswirkungen zu schützen.

Der Compact Coronagraph-1 (CCOR-1): Eine neue Ergänzung

Die GOES-R-Serie ist ein Beweis für kontinuierliche Verbesserung, und die GOES-U-Mission steht für die Integration eines bahnbrechenden neuen Instruments – des Compact Coronagraph-1 (CCOR-1). Im Gegensatz zu seinen Vorgängern verfügt GOES-U über dieses innovative

Instrument, das speziell dafür entwickelt wurde, die Geheimnisse der Sonnenkorona, der äußersten Schicht ihrer Atmosphäre, zu enthüllen.

Die Korona ist eine Region mit extremen Temperaturen und dünnem Plasma, die aufgrund ihrer Lichtschwäche im Vergleich zur strahlenden Oberfläche der Sonne oft in Geheimnisse gehüllt ist. Die Korona spielt jedoch eine entscheidende Rolle für das Weltraumwetter, da sie der Geburtsort eines Himmelsphänomens ist, das als koronaler Massenauswurf (CME) bekannt ist. CMEs sind massive Ausbrüche von überhitztem Plasma und magnetischen Feldlinien, die mit unglaublicher Geschwindigkeit auf die Erde zurasen können. Diese starken Ausbrüche können geomagnetische Stürme auslösen, wenn sie die Magnetosphäre der Erde erreichen, und möglicherweise Strom- und Kommunikationsnetze stören.

CCOR-1 begegnet dieser Herausforderung, indem es als Spezialteleskop fungiert und eine als Koronagraphie bekannte Technik anwendet. Im Wesentlichen blockiert der Koronagraph das blendende Licht der Sonne, sodass CCOR-1 detaillierte Bilder der schwachen Korona aufnehmen kann. Diese Bilder liefern wertvolle Einblicke in die

Entwicklung und Eigenschaften von CMEs. CCOR-1 nimmt nicht nur eine einzelne Momentaufnahme auf; es arbeitet kontinuierlich und nimmt eine Reihe von CMEs-Bildern auf. Durch die Analyse dieser Sequenzen können Wissenschaftler wichtige Parameter eines CMEs bestimmen, wie etwa seine Größe, Geschwindigkeit und Dichte. Diese Informationen sind von größter Bedeutung, um die möglichen Auswirkungen eines CMEs auf die Magnetosphäre der Erde vorherzusagen und bei Bedarf rechtzeitig Warnungen herauszugeben.

Die Einbeziehung von CCOR-1 in die GOES-U-Mission bedeutet einen Fortschritt in unserer Fähigkeit, CMEs zu überwachen und zu verstehen. Die detaillierten Daten, die es sammelt, ermöglichen es uns, potenzielle geomagnetische Stürme genauer vorherzusagen, kritische Infrastrukturen zu schützen und proaktive Maßnahmen zu ergreifen, um die störenden Auswirkungen des Weltraumwetters zu mildern.

Die Magnetometer- und Weltraumumgebungs-In-Situ-Suite (SEISS)

Das Magnetometer der GOES-R-Serie ist nicht auf die Aufnahme von Bildern angewiesen; es fungiert vielmehr als hochempfindlicher Kompass, der die Stärke und Richtung des Erdmagnetfelds am Standort des Satelliten genau misst. Stellen Sie sich das Magnetometer als eine hochentwickelte Sensoranordnung vor, die ständig die sich ständig ändernde Natur dieses unsichtbaren Kraftfelds misst. Das Erdmagnetfeld ist nicht statisch; es ist eine dynamische Einheit, die ständig vom Sonnenwind und den inneren Vorgängen im Erdkern hin- und hergeworfen wird. Das Magnetometer spielt eine entscheidende Rolle bei der Überwachung dieser Schwankungen und bietet unschätzbare Einblicke in die Gesundheit und Reaktionsfähigkeit des magnetischen Schilds der Erde. Es hilft auch bei:
- Kartierung der Magnetfeldlinien
- Überwachung geomagnetischer Stürme:
- Verständnis magnetosphärischer Prozesse:

SEISS und das Magnetometer funktionieren zwar als unterschiedliche Instrumente, bieten aber eine starke Synergie, wenn ihre Daten gemeinsam analysiert werden. Stellen Sie sich vor, Sie hätten eine Hand auf die Schauspieler (energiereiche Teilchen) und die andere auf die Bühne (Magnetfeld) gerichtet. Durch die Kombination der Informationen über die Partikelpopulation von SEISS mit den Magnetfelddaten des Magnetometers können Wissenschaftler ein weitaus umfassenderes Bild davon zeichnen, was in der Weltraumumgebung vor sich geht.

Nehmen wir beispielsweise an, dass ein plötzlicher Anstieg des von SEISS erfassten energiereichen Partikelflusses in Verbindung mit einer entsprechenden Schwankung des vom Magnetometer gemessenen Magnetfelds ein starker Hinweis darauf sein kann, dass ein CME mit der Magnetosphäre der Erde interagiert. Mit diesem kombinierten Wissen können Wissenschaftler nicht nur die Ankunft eines geomagnetischen Sturms vorhersagen, sondern auch dessen potenzielle Intensität und Auswirkung abschätzen.

Zusammenfassend lässt sich sagen, dass SEISS und das Magnetometer ein leistungsstarkes Duo innerhalb der GOES-R-Serie darstellen. SEISS enthüllt mit seiner Reihe von Partikelsensoren die unsichtbare Population energiereicher Partikel, während das Magnetometer die sich ständig ändernde Natur des Erdmagnetfelds sorgfältig verfolgt. Da sie Hand in Hand arbeiten, bieten diese Instrumente eine systemische Perspektive auf die Weltraumumgebung und ermöglichen es uns, unseren Planeten vor der Wut der Sonne zu schützen und das dynamische Reich des Weltraumwetters zu steuern.

Auswirkungen von Weltraumwettervorhersagen

So wie Wettervorhersagen uns in die Lage versetzen, uns auf Gewitter oder Schneestürme vorzubereiten, sind Weltraumwettervorhersagen ein wichtiges Instrument, um die durch die Sonnenaktivität verursachten Störungen zu mildern. Die möglichen Folgen schwerer Weltraumwetterereignisse können erheblich sein und sich auf eine Vielzahl technologischer Infrastrukturen und sogar auf die menschliche Gesundheit auswirken.
- Eine der wichtigsten Auswirkungen von Weltraumwettervorhersagen liegt in der Sicherung

unserer Stromnetze. Bei geomagnetischen Stürmen, die durch koronale Massenauswürfe ausgelöst werden, werden in der Magnetosphäre der Erde starke Ströme induziert. Diese Ströme können durch die Stromnetze strömen, Transformatoren überlasten und großflächige Stromausfälle verursachen. Genaue Weltraumwettervorhersagen ermöglichen es den Stromnetzbetreibern, notwendige Vorkehrungen zu treffen, wie etwa die strategische Umleitung des Stroms oder die Umsetzung von Schutzmaßnahmen für Transformatoren. Durch die Vorhersage möglicher geomagnetischer Stürme können diese proaktiven Schritte das Risiko großflächiger Stromausfälle minimieren und kritische Infrastrukturen schützen.

- Eine weitere entscheidende Auswirkung von Weltraumwettervorhersagen betrifft die Satellitenkommunikation. Dieselben energiereichen Partikel, die für geomagnetische Stürme verantwortlich sind, können auch Funksignale stören und so die Kommunikation zwischen Satelliten und Bodenstationen behindern. Weltraumwettervorhersagen ermöglichen es Satellitenbetreibern, Abhilfemaßnahmen zu ergreifen, beispielsweise vorübergehend auf alternative Kommunikationskanäle umzuschalten oder Satelliten in einen sicheren Modus zu versetzen. Dieses Vorwissen schützt kritische Kommunikationsinfrastrukturen und gewährleistet einen unterbrechungsfreien Daten- und Informationsfluss.

- Über Infrastrukturbedenken hinaus spielen Weltraumwettervorhersagen auch eine wichtige Rolle beim Schutz der menschlichen Gesundheit. Astronauten, die sich außerhalb der schützenden Magnetosphäre der Erde wagen, sind der vollen Wucht der Sonnenstrahlung ausgesetzt. Während Perioden intensiver Sonneneruptionen können die erhöhten Strahlungswerte ein erhebliches Gesundheitsrisiko für Astronauten darstellen. Genaue Weltraumwettervorhersagen ermöglichen es Raumfahrtbehörden, Missionspläne anzupassen oder zusätzliche Abschirmmaßnahmen zu ergreifen, um das Wohlergehen der Astronauten während ihrer Weltraumbemühungen zu schützen.

- Darüber hinaus können Weltraumwettervorhersagen bei Höhenflügen über Polarregionen vor potenziellen Strahlungsgefahren warnen, sodass Fluggesellschaften Flüge umleiten oder notwendige Vorkehrungen treffen können, um die Belastung von Besatzung und Passagieren zu minimieren.

Zusammenfassend lässt sich sagen, dass Weltraumwettervorhersagen in unserer modernen Welt von immensem Wert sind. Indem sie es uns ermöglichen, die Aktivität der Sonne und ihre möglichen Auswirkungen vorherzusagen, ermöglichen sie es uns, kritische Infrastrukturen zu schützen, den reibungslosen Betrieb von Kommunikationsnetzen sicherzustellen und die menschliche Gesundheit zu schützen. Da wir uns immer stärker auf Technologie verlassen, werden die Überwachung und Vorhersage des Weltraumwetters zu einem immer wichtigeren Instrument, um eine belastbare und nachhaltige Zukunft auf der Erde zu gewährleisten.

Absichtlich frei gelassen

Kapitel 5: Vorteile der GOES-U-Mission

Die GOES-U-Mission, die neueste Ergänzung der GOES-R-Serie, verspricht einen bedeutenden Fortschritt bei der Umweltüberwachung. Durch die Nutzung seiner fortschrittlichen Instrumentenpalette bietet GOES-U eine Fülle von Vorteilen in verschiedenen atmosphärischen, hydrologischen, ozeanischen, klimatischen und solaren/Weltraumwetterdisziplinen. Lassen Sie uns tiefer in die spezifischen Vorteile dieser Mission eintauchen:

1. Atmosphärische Vorteile

Die GOES-U-Mission bietet eine deutliche Verbesserung der Möglichkeiten zur Überwachung der Atmosphäre. Sie wird Folgendes bieten:

- ***Erweiterte Bilder und Messungen***: GOES-U erfasst hochauflösende Echtzeitbilder der Wettersysteme der Erde, sodass Meteorologen Wettermuster genauer verfolgen können. Diese detaillierten Beobachtungen sind für die Vorhersage einer Vielzahl von Phänomenen, darunter schwere Stürme, Hurrikane und Fronten, von entscheidender

Bedeutung. Darüber hinaus erfasst GOES-U verschiedene atmosphärische Messungen wie Temperatur, Luftfeuchtigkeit und Windgeschwindigkeit und liefert so ein umfassendes Bild des atmosphärischen Zustands.

- *Echtzeit-Blitzkartierung*: Der Geostationary Lightning Mapper (GLM) an Bord von GOES-U stellt einen revolutionären Fortschritt dar. Es ist der erste einsatzbereite Blitzkartierer in geostationärer Umlaufbahn, der eine Echtzeiterkennung von Blitzaktivitäten in der gesamten westlichen Hemisphäre ermöglicht. Diese Informationen sind für die Vorhersage von Unwettern von unschätzbarem Wert, da Blitze häufig der Entwicklung von Tornados, Hagelstürmen und zerstörerischen Winden vorausgehen. Durch die Identifizierung von Blitzaktivitätsgebieten können Meteorologen rechtzeitig Warnungen herausgeben und Gemeinden die Möglichkeit geben, die notwendigen Vorkehrungen zu treffen.

- *Verbesserte Nebelerkennung und -überwachung*: Nebelereignisse können den Verkehr erheblich beeinträchtigen und Sicherheitsrisiken darstellen. GOES-U bietet mit seinen hochauflösenden Bildgebungsfunktionen erhebliche Vorteile bei der Nebelerkennung und -überwachung. Es kann

Echtzeitbilder der Nebeldecke aufnehmen, sodass Meteorologen die Nebelentwicklung verfolgen und den Zeitpunkt ihrer Auflösung vorhersagen können. Diese verbesserte Überwachung ermöglicht es den Behörden, Warnungen herauszugeben und Maßnahmen zu ergreifen, um die mit Nebelereignissen verbundenen Risiken zu mindern.

2. Hydrologische Vorteile

Die GOES-U-Mission reicht über die Atmosphäre hinaus und bietet erhebliche Vorteile im Bereich der Hydrologie – der Untersuchung von Wasser auf, über und unter der Erdoberfläche. Durch die Überwachung verschiedener hydrologischer Parameter ermöglicht uns GOES-U ein tieferes Verständnis des Wasserkreislaufs und die Vorhersage potenzieller wasserbezogener Gefahren.

- *Niederschlagsüberwachung*: GOES-U spielt eine entscheidende Rolle bei der Überwachung von Niederschlagsereignissen in der gesamten westlichen Hemisphäre. Die fortschrittlichen Bildgebungsfunktionen des Satelliten ermöglichen die Erkennung und Charakterisierung von Niederschlägen, einschließlich Regen, Schneefall und Eisansammlung. Diese Informationen sind für Hydrologen von unschätzbarem Wert, da sie damit potenzielle Überschwemmungsrisiken einschätzen, die Bewegung von Sturmsystemen verfolgen und die Wasserverfügbarkeit in verschiedenen Regionen abschätzen können. Darüber hinaus können GOES-U-Daten zur Dürreüberwachung verwendet werden, um Gebiete mit Wasserknappheit zu identifizieren und es den Behörden zu ermöglichen, Maßnahmen zur Wassereinsparung umzusetzen.

- *Schneedeckenüberwachung:* Die Schneedecke, die auf dem Boden angesammelte Schneeschicht, spielt eine entscheidende Rolle bei den Süßwasserreserven. GOES-U kann mit seinen hochauflösenden Bildern die Ausdehnung und Tiefe der Schneedecke in riesigen Gebirgsregionen überwachen. Diese Informationen sind für die Bewirtschaftung der Wasserressourcen von entscheidender Bedeutung, da schmelzende Schneedecken erheblich zur Strömung von Flüssen und zum Wasserstand von Stauseen beitragen. Durch die Überwachung von Schneedeckenveränderungen können die Behörden potenzielle Wasserknappheit während Trockenzeiten vorhersehen und notwendige Wassermanagementstrategien umsetzen.

- *Bodenfeuchtigkeitsanalyse*: Der Bodenfeuchtigkeitsgehalt ist ein wichtiger Indikator für Dürrebedingungen und potenzielle Waldbrände. Während die direkte Messung der Bodenfeuchtigkeit aus dem Weltraum weiterhin eine Herausforderung darstellt, können die GOES-U-Daten wertvolle Erkenntnisse liefern. Durch die Analyse von Satellitenbildern und Vegetationsgesundheitsindizes können Wissenschaftler Rückschlüsse auf die Bodenfeuchtigkeit ziehen und Gebiete identifizieren, die unter Dürrestress leiden. Diese Informationen ermöglichen es den Behörden, Maßnahmen zur Dürreminderung umzusetzen und möglicherweise das Risiko von Waldbränden in von Dürre betroffenen Regionen vorherzusagen.

3. Ozeanische Vorteile

Die riesigen Ozeane unseres Planeten spielen eine entscheidende Rolle bei der Regulierung des Klimas und der Unterstützung mariner Ökosysteme. Die GOES-U-Mission bietet eine wertvolle Perspektive auf diesen dynamischen Bereich und bietet entscheidende Vorteile für die Ozeane.

- *Überwachung der Meeresoberflächentemperatur*: GOES-U spielt eine wichtige Rolle bei der Überwachung der Meeresoberflächentemperatur (SST) in der gesamten westlichen Hemisphäre. SST-Variationen können Wettermuster,

Meeresströmungen und marine Ökosysteme erheblich beeinflussen. Durch die Bereitstellung hochauflösender Echtzeitdaten zur SST ermöglicht GOES-U Meteorologen, die Genauigkeit von Wettervorhersagen zu verbessern, insbesondere hinsichtlich der Entwicklung von Hurrikanen. Darüber hinaus können Wissenschaftler SST-Daten nutzen, um Meeresströmungen zu verfolgen und zu überwachen, die eine entscheidende Rolle beim globalen Wärmetransport und der Klimaregulierung spielen.

- *Erkennung und Verfolgung mariner Hitzewellen*: Die Ozeane der Erde sind nicht immun gegen den Klimawandel und steigende globale Temperaturen können zur Bildung mariner Hitzewellen führen. Diese längeren Perioden mit ungewöhnlich warmen Meerestemperaturen können verheerende Folgen für marine Ökosysteme haben, Korallenriffe zerstören, Fischpopulationen beeinträchtigen und schädliche Algenblüten auslösen. GOES-U ermöglicht es Wissenschaftlern mit seinen kontinuierlichen SST-Überwachungsfunktionen, die Entwicklung von Hitzewellen im Meer zu erkennen und zu verfolgen. Diese Informationen ermöglichen es den Behörden, Maßnahmen zum Schutz gefährdeter Meereslebewesen zu ergreifen und die durch diese

Ereignisse verursachten ökologischen Störungen zu mildern.

- *Unterstützung des Fischereimanagements*: Gesunde Ozeane sind für eine nachhaltige Fischerei von entscheidender Bedeutung. GOES-U-Daten, insbesondere Informationen zu SST und Chlorophyllkonzentration aus Satellitenbildern, können zu verbesserten Fischereimanagementpraktiken beitragen. Durch das Verständnis der räumlichen Verteilung von Chlorophyll, einem Indikator für die Phytoplanktonhäufigkeit, die die Grundlage des marinen Nahrungsnetzes bildet, können Fischereimanager Gebiete mit hoher Fischpopulationsdichte identifizieren. Darüber hinaus können SST-Daten verwendet werden, um die Migrationsmuster bestimmter Fischarten vorherzusagen, sodass Fischer ihre Fangtätigkeiten optimieren und die langfristige Nachhaltigkeit der Fischbestände sicherstellen können.

4. Klimatische Vorteile

Die GOES-U-Mission geht über die unmittelbare Wettervorhersage hinaus und bietet unschätzbare Vorteile für das Verständnis und die Überwachung langfristiger Klimatrends. Durch kontinuierliche, langfristige Beobachtungen verschiedener Klimaparameter ermöglicht GOES-U Wissenschaftlern, den Klimawandel zu verfolgen, seine Auswirkungen zu bewerten und Strategien zur Eindämmung und Anpassung zu entwickeln.

- *Langfristige Datenerfassung*: Der Klimawandel ist ein sich langsam entwickelndes Phänomen, und seine Erkennung und Charakterisierung erfordert eine langfristige, konsistente Datenerfassung. GOES-U baut als Teil der GOES-R-Serie auf einem reichen Erbe an Umweltbeobachtungen auf. Der kontinuierliche Datenstrom von GOES-U ermöglicht es Wissenschaftlern, Änderungen wichtiger Klimaparameter wie Temperatur, Niederschlagsmuster und Wolkenbedeckung über längere Zeiträume zu verfolgen. Diese langfristige Perspektive ist wichtig, um die natürliche Klimavariabilität von den Fingerabdrücken des vom Menschen verursachten Klimawandels zu unterscheiden.

- *Überwachung essentieller Klimavariablen (ECV):* Die GOES-U-Mission trägt wesentlich zur Überwachung essentieller Klimavariablen (ECV) bei. Diese ECVs stellen eine Reihe physikalischer, chemischer und biologischer Variablen dar, die zusammen den Zustand des Klimasystems der Erde definieren. GOES-U-Daten, darunter Informationen zu Wolkenbedeckung, Meeresoberflächentemperatur und Niederschlag, tragen zu mehreren ECVs bei. Durch die Überwachung dieser ECVs erhalten Wissenschaftler ein umfassendes Verständnis des Klimasystems der Erde und seiner Reaktion auf externe Antriebsfaktoren wie Treibhausgasemissionen.

- **Bewertung der Auswirkungen des Klimawandels**: Die von GOES-U gesammelten Daten helfen uns nicht nur, den Klimawandel selbst zu verstehen, sondern ermöglichen uns auch, seine Auswirkungen auf verschiedene Umweltsysteme zu bewerten. Durch die Überwachung von Änderungen der Schneedecke und der Niederschlagsmuster können Wissenschaftler beispielsweise die potenziellen Auswirkungen des Klimawandels auf die Wasserressourcen in verschiedenen Regionen bewerten. In ähnlicher Weise können Informationen zu Temperaturschwankungen an der Meeresoberfläche verwendet werden, um die Anfälligkeit von Küstenökosystemen gegenüber steigenden Meeresspiegeln und Ozeanversauerung zu bewerten. Dieses Wissen ist von entscheidender Bedeutung für die Entwicklung von

Anpassungsstrategien und die Abschwächung der negativen Folgen des Klimawandels.

5. Vorteile von Solar- und Weltraumdaten

Die Sonne, unser lebensspendender Stern, kann auch gewaltige Ausbrüche auslösen, die die Technologie stören und Astronauten gefährden. Die GOES-U-Mission mit ihrer Reihe hochentwickelter Instrumente bietet wichtige Vorteile in Bezug auf Sonnen- und Weltraumwetter.

- *Echtzeit-Sonnenüberwachung*: GOES-U verfügt über eine Reihe von Instrumenten zur Überwachung der Sonnenaktivität in Echtzeit. Der Solar Ultraviolet Imager (SUVI) und die Extreme Ultraviolet and X-ray Irradiance Sensors (EXIS) liefern kontinuierlich Bilder und Daten zu Sonneneruptionen, koronalen Löchern und anderen Sonnenphänomenen. Diese Informationen sind entscheidend für die Vorhersage geomagnetischer Stürme, die Stromnetze, Kommunikationssysteme und Satellitenoperationen stören können. Mit rechtzeitigen Warnungen aus GOES-U-Daten können die Behörden die notwendigen Vorkehrungen treffen, um die Auswirkungen geomagnetischer Stürme zu mildern und kritische Infrastrukturen zu schützen.

- **_Erkennung und Charakterisierung koronaler Massenauswürfe (CME):_** CMEs sind massive Ausbrüche von Sonnenplasma und Magnetfeldern, die auf die Erde zurasen und geomagnetische Stürme auslösen können. GOES-U spielt mit seinem Compact Coronagraph-1 (CCOR-1)-Instrument eine entscheidende Rolle bei der Erkennung und Charakterisierung von CMEs. CCOR-1 bildet die Sonnenkorona ab, sodass Wissenschaftler CMEs frühzeitig erkennen und ihre möglichen Auswirkungen auf die Magnetosphäre der Erde abschätzen können. Diese Frühwarnung ermöglicht es den Behörden, proaktive Maßnahmen zum Schutz kritischer Infrastrukturen und zur Gewährleistung der Sicherheit der Astronauten während Weltraummissionen zu ergreifen.

- **_Überwachung von Weltraumwetterereignissen_**: Über CMEs hinaus überwacht GOES-U verschiedene Aspekte des Weltraumwetters. Die Space Environment In-Situ Suite (SEISS) und das Magnetometer arbeiten Hand in Hand, um energiereiche Partikel und Magnetfeldschwankungen im erdnahen Weltraum zu messen. Durch die Analyse dieser Daten können

Wissenschaftler die Ankunft und Intensität von Sonnenwindpartikeln verfolgen und ihre möglichen Auswirkungen auf die Polarlichter, Kommunikationssysteme und Satellitenoperationen der Erde vorhersagen. Diese umfassende Überwachung ermöglicht es uns, die sich ständig ändernde Natur des Weltraumwetters zu verstehen und effektiv darauf zu reagieren.

Kapitel 6: Das Erbe von GOES-U

Aufbauend auf einem starken Fundament vergangener Missionen

Die GOES-U-Mission ist kein isoliertes Unterfangen; sie stellt die Krönung jahrzehntelanger Erfahrung und Innovation auf dem Gebiet der Wettersatelliten dar. GOES-U wurde als letztes Kapitel der GOES-R-Reihe gestartet und baut auf einem starken Fundament auf, das seine Vorgänger geschaffen haben.

1. Ein Erbe kontinuierlicher Datenerfassung: Das in den 1970er Jahren initiierte GOES-Programm hat eine entscheidende Rolle bei der Revolutionierung der Wettervorhersage gespielt. Diese geostationären Satelliten, die in einer konstanten Umlaufbahn über dem Äquator positioniert sind, liefern kontinuierliche Beobachtungen der Wettersysteme der Erde. Dieser Echtzeit-Datenstrom hat maßgeblich zur Verbesserung der Genauigkeit von Wettervorhersagen beigetragen und es Meteorologen ermöglicht, Wettermuster mit immer größerer Präzision zu verfolgen und vorherzusagen. GOES-U, als jüngster Neuzugang dieser Linie, führt dieses Erbe kontinuierlicher Datenerfassung fort und gewährleistet den ununterbrochenen Fluss wichtiger Informationen für Wettervorhersagen und Umweltüberwachung.

2. *Verfolgung schwerer Stürme und Frühwarnsysteme*: Einer der bedeutendsten Beiträge des GOES-Programms liegt in seiner Fähigkeit, schwere Wetterereignisse zu verfolgen und vorherzusagen. Durch die Überwachung der atmosphärischen Bedingungen und die Identifizierung von Signaturen, die mit Gewittern, Hurrikanen und Tornados in Verbindung stehen, versetzen GOES-Satelliten die Behörden in die Lage, rechtzeitig Warnungen herauszugeben, und Gemeinden so in die Lage zu versetzen, sich auf die möglichen Zerstörungen durch diese Stürme vorzubereiten und diese einzudämmen. Mit seiner Reihe fortschrittlicher Instrumente wie dem Geostationary Lightning Mapper (GLM) verbessert GOES-U diese Fähigkeit noch weiter und liefert noch frühere und genauere Warnungen vor Unwettergefahren.

3. Meteorologische Forschung und Klimaüberwachung: Über die unmittelbare Wettervorhersage hinaus haben GOES-Daten eine entscheidende Rolle bei der Weiterentwicklung der meteorologischen Forschung und Klimaüberwachung gespielt. Die langfristigen, konsistenten Beobachtungen dieser Satelliten ermöglichen es Wissenschaftlern, atmosphärische Prozesse zu untersuchen, Klimavariabilität zu verstehen und die sich entwickelnden Trends in Zusammenhang mit dem globalen Klimawandel zu verfolgen. Als Teil dieser langfristigen Datensätze trägt GOES-U zu einem umfassenden Verständnis des Klimasystems der Erde bei und liefert wertvolle Erkenntnisse für Klimamodellierung und künftige Klimaprojektionen.

Ein Sprungbrett für zukünftige Fortschritte in der Wetter- und Umweltbeobachtung

Die GOES-U-Mission markiert nicht nur den Abschluss der GOES-R-Serie, sondern dient auch als Sprungbrett für zukünftige Fortschritte in der

Wetter- und Umweltbeobachtung. Die während der GOES-R-Ära gewonnenen Erkenntnisse, entwickelten Technologien und gesammelten Daten werden zweifellos den Weg für die nächste Generation von Wettersatelliten ebnen.

1. Eine Brücke in die Zukunft: Geostationary Extended Observations (GeoXO): Mit Blick auf die Zukunft richtet NOAA in Zusammenarbeit mit der NASA bereits den Blick auf die nächste Grenze – die Geostationary Extended Observations (GeoXO)-Mission. GeoXO stellt den nächsten Evolutionssprung in der geostationären Wetterbeobachtung dar und verspricht noch fortschrittlichere Fähigkeiten als die GOES-R-Serie. Das Wissen und die Erfahrung, die durch die Entwicklung, den Start und den Betrieb des GOES-U-Satelliten gewonnen wurden, werden für die Gestaltung und Funktionalität von GeoXO von unschätzbarem Wert sein.

2. Verbesserte Fähigkeiten für eine umfassendere Sicht: GeoXO verspricht, auf dem Erfolg der GOES-R-Serie aufzubauen, indem es bedeutende Fortschritte bei den Beobachtungsfähigkeiten bietet. Diese Satelliten der nächsten Generation werden eine verbesserte Auflösung aufweisen, die es ihnen ermöglicht, noch feinere Details von Wettermustern und Umweltphänomenen zu erfassen. Darüber hinaus wird GeoXO wahrscheinlich zusätzliche Instrumente enthalten, wodurch die Bandbreite der erfassten Daten über das hinausgeht, was GOES-U derzeit bietet. Dieser umfassende Datenstrom wird Meteorologen und Umweltwissenschaftlern ermöglichen, ein tieferes Verständnis der komplexen Wechselwirkungen innerhalb der Erdatmosphäre und des Klimasystems zu erlangen.

3. *Ein gemeinsames Unterfangen zum globalen Nutzen*: Die GOES-U-Mission und ihr Nachfolger GeoXO sind ein Beweis für die Macht der internationalen Zusammenarbeit. Die Entwicklung und der Betrieb dieser hochentwickelten Satelliten erfordern das vereinte Fachwissen verschiedener Regierungsbehörden, Forschungseinrichtungen und privater Unternehmen.

Rückschluss

Die GOES-U-Mission stellt als krönender Abschluss der GOES-R-Serie einen Wendepunkt in unserer Fähigkeit dar, die dynamischen Kräfte zu überwachen und zu verstehen, die das Wetter und die Umwelt der Erde prägen. Dieser hochentwickelte Satellit ist nicht nur ein technologisches Wunderwerk; er verkörpert den Höhepunkt jahrzehntelanger Innovation und unermüdlichen Einsatzes im Rahmen des GOES-Programms. GOES-U baut auf dem starken Fundament seiner Vorgänger auf und gewährleistet den ununterbrochenen Fluss kritischer Daten für eine Vielzahl von Zwecken.

Über die unmittelbaren Vorteile einer verbesserten Wettervorhersage und Unwetterwarnungen hinaus ist die GOES-U-Mission von immensem Wert für die Zukunft. Die enorme Menge an Daten, die von den GOES-U-Instrumenten gesammelt wird, wird in den kommenden Jahren eine unschätzbare Ressource für die wissenschaftliche Forschung sein. Diese Daten werden es Meteorologen ermöglichen, Klimamodelle zu verfeinern, ein tieferes Verständnis langfristiger Klimatrends zu erlangen und die möglichen Auswirkungen des Klimawandels vorherzusehen. Darüber hinaus werden die Erkenntnisse aus der Entwicklung, dem Start und dem Betrieb von GOES-U zweifellos zum Erfolg zukünftiger Wetterbeobachtungsmissionen beitragen.

Die GOES-U-Mission dient als Brücke in die Zukunft und ebnet den Weg für die nächste Generation geostationärer Satelliten – die Geostationary Extended Observations (GeoXO)-Mission. GeoXO verspricht, auf dem Erfolg von GOES-U aufzubauen und noch fortschrittlichere Fähigkeiten und ein breiteres Spektrum an Beobachtungen zu bieten. Die Erkenntnisse aus GOES-U werden maßgeblich zur Gestaltung und Funktionalität von GeoXO beitragen und letztlich zu einem umfassenderen Verständnis des komplexen Klimasystems der Erde führen.

Die von GOES-U gesammelten Daten werden zusammen mit den technologischen Fortschritten, die es ermöglicht, das Feld der Wetter- und Umweltwissenschaften auch in den kommenden Jahren beeinflussen. Diese Mission versetzt uns nicht nur in die Lage, uns auf die unmittelbaren Herausforderungen durch Wetterereignisse vorzubereiten, sondern auch ein tieferes Verständnis des komplexen Zusammenspiels zwischen Erdatmosphäre und Klima zu erlangen und so letztlich eine nachhaltigere Zukunft für kommende Generationen zu gestalten.

www.ingramcontent.com/pod-product-compliance
Lightning Source LLC
Chambersburg PA
CBHW070402230526
45471CB00006B/2663